纺织服装高等教育"十二五"部委级规划教材
设计之路系列丛书

服装速写技法

（配课件）

丛书主编：郭琦　　著：韩丹

FUZHUANG SUXIE JIFA

东华大学 出版社

内 容 简 介

　　本书是一本优秀的服装速写快速入门实用教程，详述了从工具选择到绘制完成整个服装速写的全过程，图解了各阶段必须注意的绘画要点。本书分为素描速写和着色速写两部分，由浅入深，详尽讲解了服装人体知识、服装造型常见动态，以及男女五官、发型和配饰、妆面、手、脚、腿及各款式鞋品的绘制要点，叙述了各种服装面料的质感表现及局部解析。对于服装速写绘制过程中的难点，如丝绸、皮草、亮片珠器、流行丝袜等进行分类详细讲解。书中有大量精彩范例，读者可以轻松掌握服装速写的技法和技巧。

　　适用范围：高校服装设计专业师生，想快速掌握服装设计的广大初学者。

图书在版编目（CIP）数据

服装速写技法 / 郭琦主编；韩丹著. ——上海：东华大学
出版社，2013.5
　ISBN 978-7-5669-0185-9

I.①服… Ⅱ.①郭… ②韩… Ⅲ.①服装设计 – 速写
技法 Ⅳ.①TS941.28

　中国版本图书馆CIP数据核字（2012）第276246号

责任编辑：马文娟

版式设计：魏依东

封面设计：新锐文化
　　　　　SHAPE CULTURE

服装速写技法 (配课件)
FUZHUANG SUXIE JIFA

丛书主编：郭琦

著：韩丹

出　　版：东华大学出版社（上海市延安西路1882号，200051）

本社网址：http://www.dhupress.net

天猫旗舰店：http://dhdx.tmall.com

营销中心：021–62193056　62373056　62379558

印　　刷：苏州望电印刷有限公司

开　　本：889mm×1194mm　1/16　　印　张：9.25

字　　数：326千字

版　　次：2013年5月第1版

印　　次：2013年5月第1次印刷

书　　号：ISBN 978-7-5669-0185-9/J·130

定　　价：39.80元

总序

General Preface

近年来国内许多高等院校开设了服装设计专业，专业方向有些高校倾向于工程，有些则偏重于设计。同时，每年都有很多年轻的设计者走向梦想中的设计师岗位。但是随着服装行业产业结构的调整和不断转型升级，服装设计师需要面对更加苛刻的要求，良好的专业素养、竞争意识、对市场潮流的把握、对时代的敏感性等都是当代服装设计师不可或缺的素质。自身的不断发展与完善更是当代服装设计师的必备条件之一。

提高服装设计师的素质不仅在于服装产业的带动，更在于服装设计的教育体制与教育方法的变革。学校教育必须适应现状并作出相应调整，体现与时俱进、注重实效的原则，以满足服装产业创新对专业人才的需求。这也是中国服装教育目前面临的挑战。

本丛书的撰写团队结合传统的教学大纲和课程结构，把握时下流行服饰特点与趋势，借鉴国际上有益的教学内容与方法，将多年丰富的教学经验和科研成果以通俗易懂的方式展现出来。丛书既注重专业基础理论的系统性与规范性，又注重专业教学的多样性和可行性，通过大量的图片进行直观细致地分析，结合详尽的步骤讲述，提炼了需要掌握的要点和重点，力求可以让读者轻松掌握技巧、理解相关内容。丛书既可以作为服装院校学生的教材，也可以作为服装设计从业人员的参考用书。

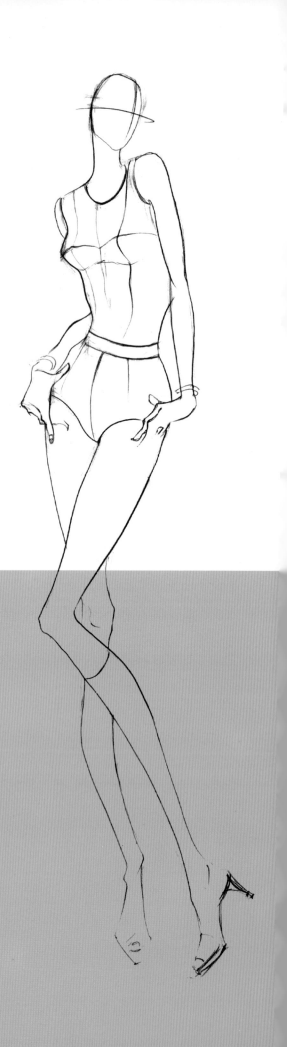

服装速写技法
FUZHUANG SUXIE JIFA

前言

Preface

　　服装速写是服装设计专业基础课中的一门重要课程。本书所讲的服装速写分为素描速写和着色速写两部分，在进行素描速写的训练后，才开始进行着色速写训练。从素描速写到着色速写是一个逐渐深入的过程，素描服装速写可以使学生掌握服装人体知识，学会如何用线表现服装造型及单色表现面料，而着色服装速写则通过色彩的表现强化服装效果，并运用色彩表现服装质感，更好地体现服装设计创意。本书特色鲜明，可以帮助有绘画基础的学生从传统速写顺利转型到服装速写，也可以帮助初学者快速入门。本书与服装效果图的绘制紧密衔接，凸显其实用性、专业性与实践性。

　　本书收录的服装速写选自东北师范大学美术学院服装系服装速写课程部分学生的优秀作品。书中以这些作品为例，详细解析了如何运用各种绘画工具表现不同服装面料的技巧和方法。所有这些都是多年教学实践取得良好效果的经验总结，希望能够为大家的学习提供指导和借鉴，同时欢迎专家和读者提出意见与建议。

编者

目录

Contents

目录

Contents

服装速写技法
FUZHUANG SUXIE JIFA

第一章　服装速写的概述

一、服装速写概念

服装速写是针对服装造型进行的快速写生（图1-1）。服装速写是为培养服装设计专业人才而开设的专业基础课程，在人体比例、形象表现、面料刻画上能够直接与服装效果图等课程相衔接（图1-2）。

图1-1　服装速写　　　　　　　　　　　　　　图1-2　服装效果图

服装速写包括素描服装速写和着色服装速写。服装是供人穿着的，所以既要研究人物着装后的外部造型，又要掌握各种动势下人体的运动规律，还需研究表现技法以描绘出多种服装造型及服装面料的不同质感。通过学习可以在审美能力、观察方法、造型能力、表现技法、创意思维等多方面为服装设计奠定基础。

二、服装速写与传统速写的区别

服装设计专业要求学习者应具有一定绘画基础。绝大多数学生在绘画学习过程中接触过或者深入学习过速写，此种速写可以包括人物速写（图1-3）、场景速写、风景速写等，主要训练学生的造型能力，包含在素描范畴之中。

服装速写主要是描绘人物的着装状态及服装造型，所以要分析服装速写与传统速写的区别。服装速写着重用线，除交代人体运动规律外，着重表现人物身上服装廓型、款式、面料、花色等。而且服装速写中人体的身长比例为九个头或者十个头，与传统人物速写中人体比例"立七坐五蹲三"有很大差异（图1-4）。

图1-3 传统人物速写 　　　　　　 图1-4 服装速写

小贴士

服装速写人体进行变化时，主要是腿部加长，上身比例变化较小。

第二章 服装速写基础知识

第一节 服装速写人体比例

服装速写有别于传统的人物速写，传统的人物速写常规比例是"立七坐五蹲三"，而服装速写作为服装设计的基础课程，为与服装设计专业相结合，要求绘画时采用九头身的人体比例，即整个人体身高有九个头高。具体比例如图2-1-1~图2-1-4所示。

一、男性人体比例

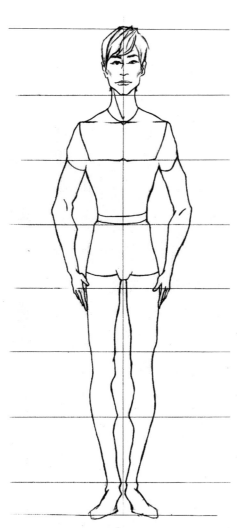

图2-1-1 传统人物速写常见的男人体
头身比例

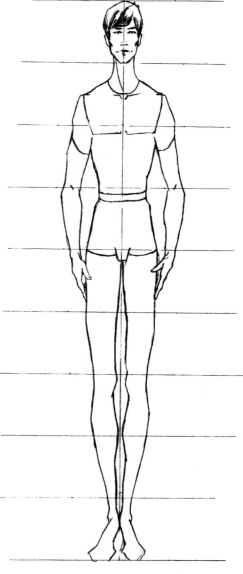

图2-1-2 服装速写常见的男人体头身
比例，全身身高为九个头

二、女性人体比例

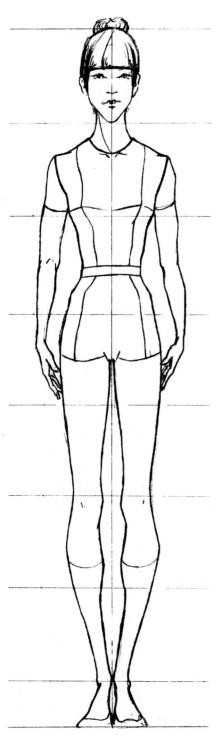

图2-1-3 传统人物速写常见的女人体
头身比例

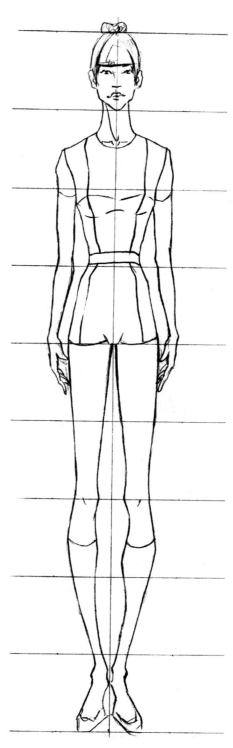

图2-1-4 服装速写常见的女人体头身
比例，全身身高为九个头

在九个头身高的比例基础上，如果设计上有
需要，有时也可以再夸张一点，画成十个头身高
的比例，尤其是对于腿部的延长，如图2-1-5和
图2-1-6所示。

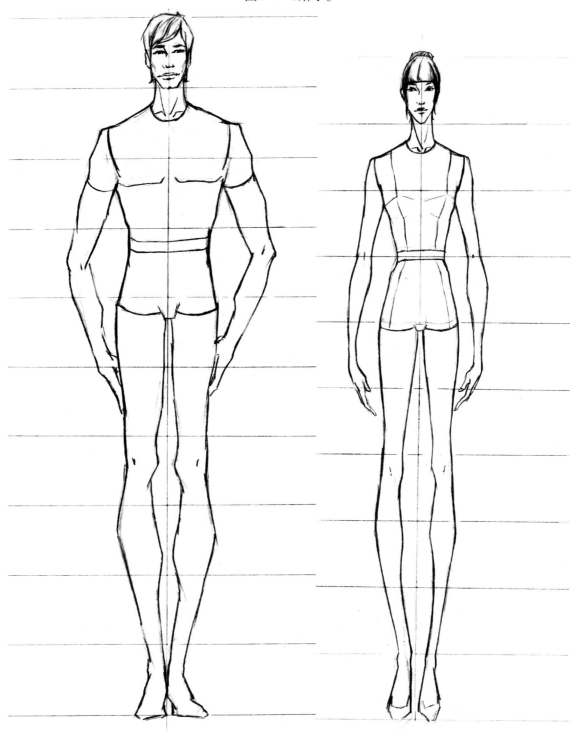

图2-1-5 男性十个头身高的比例关系图　　　图2-1-6 女性十个头身高的比例关系图

第二节 服装造型中常见动势分析

一、重心与动势

　　服装造型中，有几种比较常见的人体动势，就好像模特走台时常常出现的站位姿势一样。熟练掌握几种常见的人体动势是十分必要的。人体无论是站立还是坐卧，全身必有重心，找准重心点并由此引出一条垂直线，即是重心线，这是分析人物运动的重要依据和辅助线。在人体产生动势时，我们可以通过脊椎、双肩、骨盆两侧的连线来准确分析人体形态，这些线是有效培养观察方法的动势线。

　　如图 2-2-1 所示，将复杂的人体用几何体概括，便于分析人体动势。这幅图表现的是人背面而立，由于左臂弯曲，右臂自然下垂呈放松状态，所以左肩高于右肩。右腿吃力挺直，全身重心落于此，所以右侧骨盆上提。出左脚，脚尖轻轻点地，左侧骨盆放松下垂。

　　为了可以直观地理解和掌握人体动势规律，下面把真实的动势照片和根据照片绘制的动势图结合在一起进行分析。

图2-2-1 用几何体概括的人体

图2-2-2 实拍人物动势照片，把人体双肩和骨盆的动势线进行标注，可以清楚看出人体运动状态

图2-2-3 根据照片中的人物动势，用简单的直线概括成几何体

图2-2-4 加入人体骨骼和肌肉感的刻画

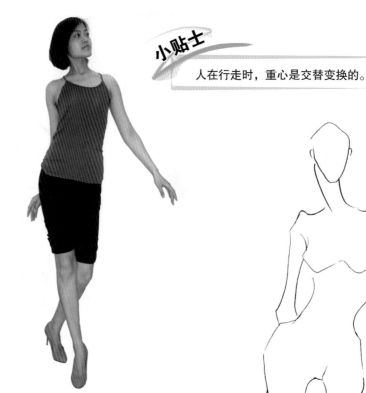

小贴士

人在行走时，重心是交替变换的。

图2-2-5 实拍人物行走过程中的动势

图2-2-6 在运动状态时，找准人体
重心是关键所在

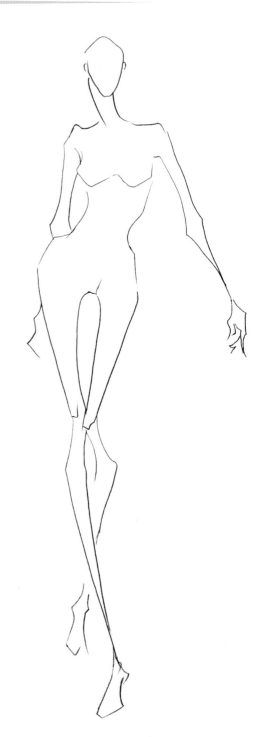

图2-2-7 图中人体重心差不多完全落在前脚，
后脚尖即将离开地面，当它离开地面时，全身
重心将完全落于前脚上

图2-2-8　实拍人物动势照片

图2-2-9　以几何体初步分析的
人体动势图

图2-2-10　人体动势图完成稿

图2-2-11 实拍人物动势照片

图2-2-13 人体动势图完成稿

图2-2-12 通过几何体块对人体动势
进行初步分析

图2-2-14 实拍人物动势侧面照片　　图2-2-15 侧面观察人体，以几何体概括

图2-2-16 人体动势图完成稿

　　服装速写是刻画人物着装状态下的整体服装造型，不论是素描服装速写还是着色服装速写，都需要先理解人体动势，并将其刻画出来，作为服装速写中的人体模板。通过以下步骤进行分析，便于理解掌握这一重要内容。

图2-2-17 步骤一，实拍人物动势
　　照片

图2-2-18 步骤二，用几何体块对照片
中人体动势进行初步概括

图2-2-19 步骤三，在体块基础上过
渡到有骨骼和肌肉感的人体刻画

图2-2-20 步骤四，加上发型、五官的
刻画，完成人体模板描绘

二、范例

熟练掌握后，我们就可以根据需要省略某个步骤，或者只选择某个步骤进行描绘。

●范例1

图2-2-21 实拍人物动势照片

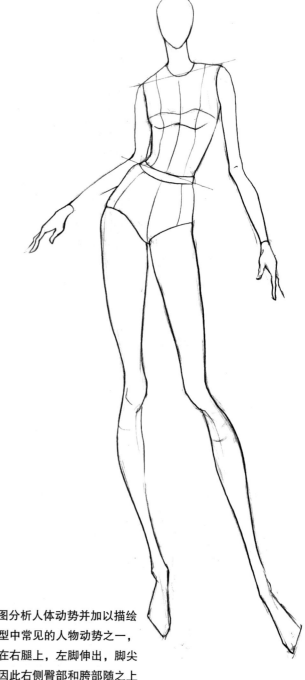

图2-2-22 根据上图分析人体动势并加以描绘完成。这是服装造型中常见的人物动势之一，人体站立时重心放在右腿上，左脚伸出，脚尖点地，脚跟抬起，因此右侧臀部和胯部随之上提，左侧臀部和胯部呈放松状态

●范例2

图2-2-23 实拍蹲姿人物动势照片，
注意照片中人物的头与颈部动势

图2-2-24 此动势有一定难度，身体重心多半落在后腿，臀部也是借助后腿的
力量，前腿起到分担重力平衡全身的作用

●范例3

图2-2-25 实拍人物动势照片

图2-2-26 分析人物动势并加以
描绘。头部微微倾斜且俯视,脸
部五官也随着透视线变化

另外，服装速写的画法不是千篇一律的，如同各个画派一样，可以具有自己的风格特点。当然，这要在熟练的基础上为之。这里提供一些男性、女性不同表现风格和不同动势的图片，供大家参考 (图2-2-27~图2-2-37)。

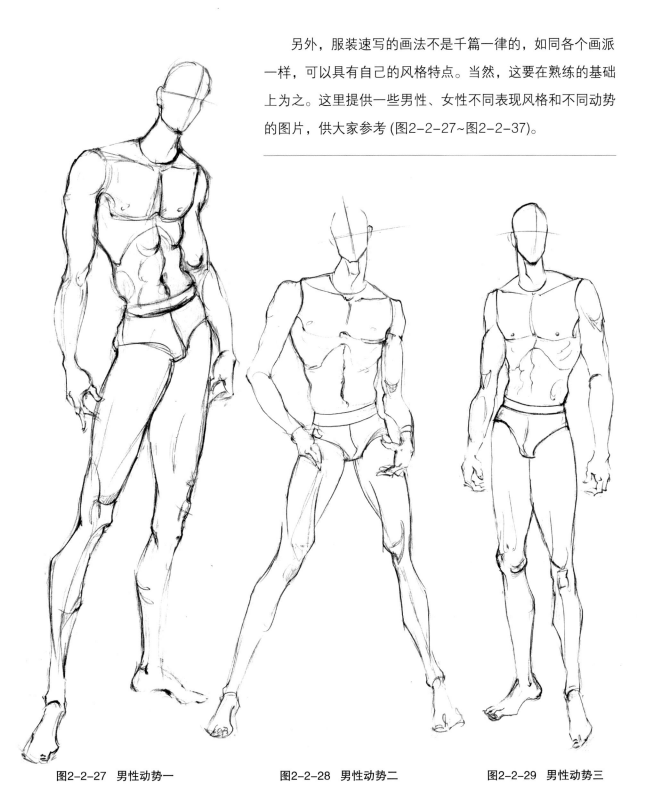

图2-2-27　男性动势一　　　　　　图2-2-28　男性动势二　　　　　　图2-2-29　男性动势三

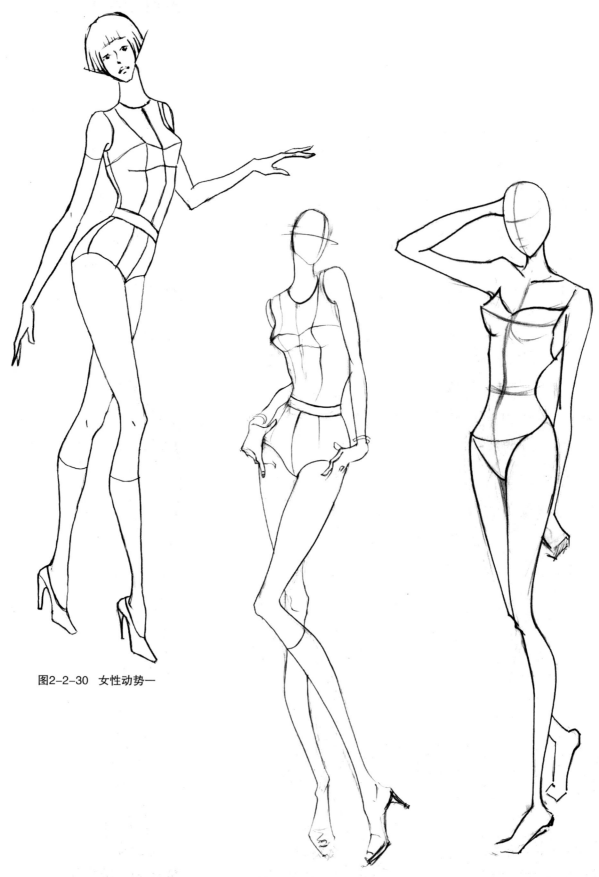

图2-2-30　女性动势一

图2-2-31　女性动势二

图2-2-32　女性动势三

图2-2-33　女性动势四　　　　图2-2-34　女性动势五　　　　图2-2-35　女性动势六

图2-2-36　女性动势七　　　　　　　　　图2-2-37　女性动势八

　　熟练之后，根据服装造型的需要，在表现动势时也可展现一些个人的绘画
风格。

第三节 局部刻画方法要点

　　要想使自己画的服装速写既整体又丰富，就需要在局部刻画上面下功夫。局部刻画是否精到，影响整体服装造型，同时也是体现功力的地方。

一、头部的画法

（一）男性头部画法

男性头部画法的具体步骤，如图2-3-1~图2-3-4所示。

图2-3-1　步骤一，用铅笔画出人物的头部外轮廓、五官及肩部大致位置　　　　图2-3-2　步骤二，深入刻画细节　　　　图2-3-3　步骤三，完成

图2-3-4　在画男性头部时，脸部轮廓多用直线而不用曲线，转折处用比较硬朗的线条，头发的刻画也是如此，用干脆简练的线条完成

在服装速写中，头部不会一直保持端正的状态，时常会出现动势变化 (图2-3-5~图2-3-9)。

图2-3-5 头部动势一　　　　　图2-3-6 头部动势二　　　　　图2-3-7 头部动势三

图2-3-8 头部动势四　　　　　图2-3-9 头部动势五

（二）女性头部画法

　　女性头部和男性头部在刻画过程上基本一致，但方法略有差异，如图2-3-10~图2-3-12所示。

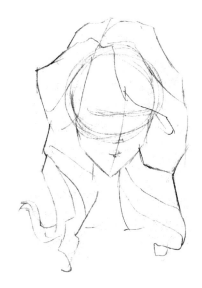  

图2-3-10 步骤一，起稿用铅笔画出人物的发型及五官大致位置　　图2-3-11 步骤二，深入细致刻画　　图2-3-12 步骤三，完成

　　对于女性来说，整个头部刻画时的用线与男性头部用线正好相反，脸部轮廓、头发、颈部和双肩要多采用曲线描绘，这样才能体现女性柔美的特征。另外，由于女性头发刻画时用线较多，所以颈部只勾画边缘线即可，或略带锁骨，这些都是表现女性特征的好方法。

如图2-3-13~图2-3-19所示是服装速写中女性头部常见的动势变化。

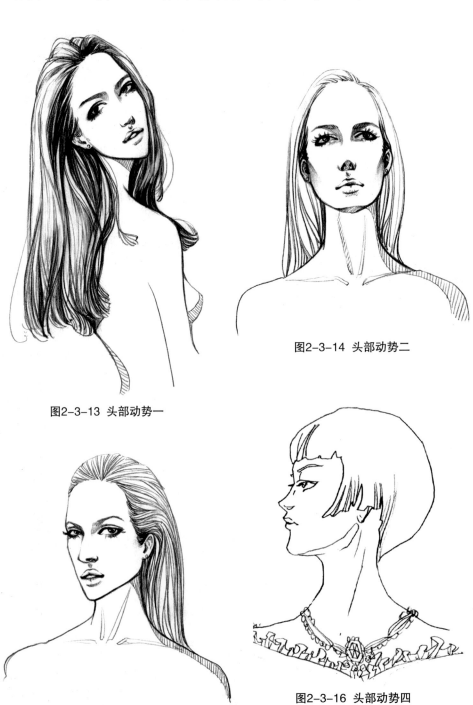

图2-3-14 头部动势二

图2-3-13 头部动势一

图2-3-16 头部动势四

图2-3-15 头部动势三

图2-3-17 头部动势五　　　　　　　　　　图2-3-18 头部动势六

图2-3-19 头部动势七

二、五官的画法

对男性、女性头部的画法有了整体认识之后，下一步就是对五官的刻画。详细掌握五官的表现方法，可以使服装速写更加丰富。

（一）男性五官画法

1. 眉毛和眼睛的画法 (图2-3-20~图2-3-25)

图2-3-20 先用铅笔画出男性眉毛和眼睛的大致轮廓

图2-3-21 略施调子体现立体感

图2-3-22 照明暗、主次、虚实关系逐步深入

图2-3-23 刻画完成

 小贴士

内眼角和外眼角处需要画出空间深度。

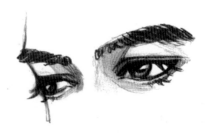

图2-3-24 当头部稍稍转动，就要格外强调内眼角，通过内眼角的深度刻画交代空间深度与鼻梁高度

图2-3-25 眼球画成半圆或者大半个圆形，轮廓线不要用单线，还是需要有一点宽度

 小贴士

眼睛如果要画双眼皮，双眼皮线在眼球最突出处稍微画淡一点。

如图2-3-26~图2-3-28所示，体会一下男性眉眼神态和眉毛、眼睛刻画时的细微差别。

图2-3-26 下眼睑的线也要有粗细变化，可以部分留白处理虚实，以表现出眼睛是个球体

图2-3-27 男性的眉毛不能画得很单细，要有一些宽度，可以通过长短不一的线排列而成，下笔干脆，转折明确，不宜拖泥带水

图2-3-28 眉毛线条的绘制也要讲究虚实轻重

小贴士

男性的眉毛基本都会画得粗一些，即使是稍微细一点的眉毛，也不要用一两条线简单勾画。

2. 男性鼻子的画法（图2-3-29~图2-3-33）

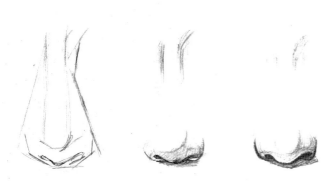  

图2-3-29 铅笔起稿，勾画出男性鼻子的立体造型

图2-3-30 开始上调子深入刻画

图2-3-31 完成稿

图 2-3-32 把鼻子和嘴部连起来看就感觉整体一些。画的时候可以在进深处强化一下，使空间感更强

图2-3-33 当脸部处于侧面时，鼻子的边缘轮廓要清晰，但为了避免单薄，最好沿着边缘线加一些灰色阴影或者虚线，既显立体又符合男性特征

小贴士

男性的鼻子笔挺宽厚，不能用细线完成，要使线随着位置的变化而有粗细变化，才显立体。

3. 男性嘴部的画法 (图2-3-34~图2-3-40)

图2-3-34 先概括出男性嘴部整体
造型

图2-3-35 用调子交代明暗，
体现立体感

图2-3-36 完成

小贴士

男性的嘴唇画得厚重一些较好，用线交代轮廓之余
也可以留一些空白，更显嘴唇丰满。

图2-3-37 嘴部随着头部转动而变化，
这是大约3/4侧面时的嘴部刻画

图2-3-38 男性嘴部周围时常是带有胡须的，胡须
也需要按透视关系仔细勾画，不能潦草了事

图2-3-39 人中及下嘴唇凹陷处需要稍
作交代，体现整个嘴部的立体感

图2-3-40 胡须的描画不能整齐一致，用灵动
些的线条绘制

小贴士

画嘴部微张的状态时，要强调内侧线条，体现空间
深度，不建议细致地刻画牙齿。

（二）女性五官画法

1. 眉毛和眼睛的画法（图2-3-41~图2-3-50）

服装速写中，女性的面部五官刻画最精致、用笔墨最多的地方莫过于眼睛和眉毛。

图2-3-41 铅笔描绘女性眉毛和眼睛的大体造型

图2-3-42 用明暗调子进一步表现

图2-3-43 对眉毛和眼睛精细刻画

图2-3-44 最终完成时眉毛和睫毛都要清晰画出

小贴士

女性眼球绘制时要具有黑白灰以及高光，这样才更有神采，明亮水润。黑，位于靠近上眼睑处；白，位于半圆形眼球的边缘；灰，是黑与白之间的过度；高光，要根据眼睛所看的方向而定，一般高光紧邻最重的位置。

图2-3-45 上眼睫毛一般从眼睛的中间位置开始画起，一直画到眼尾，上眼睫毛的长度越接近眼尾越长

图2-3-46 女性的眼睛上下均可绘制眼睫毛，只是注意上眼睫毛在长度与浓度上都要强于下眼睫毛

图2-3-47 绘制双眼皮的线条要两边重中间轻

图2-3-48 眼角部分的明暗关系要重点刻画

图2-3-49 描画眼睛闭合状态时，整个眼睛要当成球体去考虑，交代明暗关系，略施调子，并且需要细致地画出睫毛

图2-3-50 当头部转动，眼睛处于不同侧面情况下，要在眼睛与鼻子中间部分加上一些阴影，强调立体关系

小贴士

女性的眉毛画法与男性眉毛有很大差异，画女性眉毛的时候和生活中女性为眉毛化妆的感觉差不多，需要控制好力度，下笔略重，收笔轻且快，形成起笔较粗，尾端细淡的自然效果。

2. 女性鼻子的画法 (图2-3-51~图2-3-54)

画女性的鼻子必须综合其他五官加以考虑，可以从眉毛处引出一条线，既体现鼻梁骨又形成鼻尖的轮廓。

图2-3-51 头部处于正面

图2-3-52 头部处于3/4侧面

图2-3-53 头部处于侧面

图2-3-54 头部上扬

3. 女性嘴部的画法 (图2-3-55~图2-3-60)

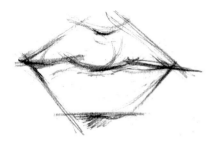

图2-3-55　先用铅笔起稿，画出女性嘴部整体轮廓

图2-3-56　擦掉多余的线条，画出明暗交界线和投影

图2-3-57　完成

小贴士

女性嘴部的用线要轻柔，以曲线为宜，主要绘制上下唇中间部分和两侧嘴角。

图2-3-58　嘴唇微张时，唇上面的调子不宜过多，要遵循受光背光的原理

图2-3-59　即使是张口状态也最好不要详细的画出牙齿，只要留白即可

图2-3-60　画侧面嘴部时要注意透视，嘴唇应该是离我们近的这边略宽，向远处逐渐变窄

三、手的画法

（一）男性手的画法 (图2-3-61~图2-3-64)

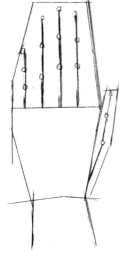

图2-3-61 先用直线概括
手部形体

图2-3-62 掌握基本形
体基础后，再转为曲线
细致描画

小贴士

无论画男性的手还是女性的手，都
要用连贯的线条，不需要加入调子。
如果是画手心，要把几条主要掌纹
画出来，手指部分骨节处用短横线
表示。

图2-3-63 侧面的手，由于无名指
和小手指都比中指短，所以当手完
全并拢的时候只能看见大拇指、食
指和中指。当手指都能看见的时候
是比较难画的。指甲要贴着手背一
侧的外边缘线画到指尖

图2-3-64 人体手臂和手部自然下
垂时手部的状态和画法，这是服装
速写中比较常用的手部姿态

如图2-3-65~图2-3-75所示是几张手部不同姿态的画法。

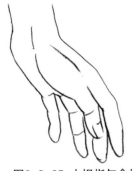

图2-3-65 大拇指与食指之间的转折部位是刻画要点

图2-3-66 五个手指的长短比例保持准确

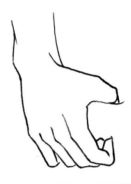

图 2-3-67 手握东西或者提东西时的状态与画法，由于手部吃力，所以腕骨要突出，手部各关节转折明显一些

小贴士

男性的手要比女性的手画的宽厚一点，看起来没有女性手那样纤细修长。

图2-3-68 大拇指分段理解刻画更容易

图2-3-69 绘制下垂的手掌，不需要把掌纹完全表现出来

图2-3-70 手臂抬起，手部自然放松的状态和画法

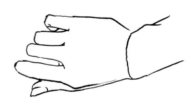

图2-3-71 每根手指要有粗细变化

小贴士

如绘制不是并拢的手指时，各个手指之间空隙的画法要有变化，有时可以留出一些空隙，即用两条线分别表示两个手指的边缘，有时两个手指共用一条边缘线。

图2-3-72 男性手部微微握拢状态一

图2-3-73 男性手部微微握拢状态二

图2-3-74 男性手指张开状态一

图2-3-75 男性手指张开状态二

（二）女性手的画法 (图2-3-76，图2-3-77)

图2-3-76 先用直线概括
女性手部形体，并交代关
节转折处

图2-3-77 完成效果

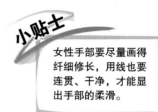

小贴士

女性手部要尽量画得
纤细修长，用线也要
连贯、干净，才能显
出手部的柔滑。

图2-3-78 手扶在胯部
是女性服装造型中常见
的姿态

图2-3-79 指尖画得稍微长些，
更能表现手指的纤细感

女性手部在整体服装造型中常常会起到举足
轻重的作用，如图2-3-78~图2-3-93所示。

图2-3-80 手掌向上时的
手部姿态和画法

图2-3-81 自然下垂时
手腕的状态

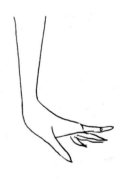

图2-3-82 手腕用力，
手掌和手指向上抬起
的状态

图2-3-83　刻画更加强调骨感，线条比较硬朗

图2-3-84　侧重手指指甲等细节表现

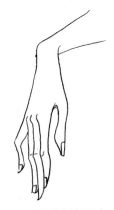

图2-3-85　把指甲刻画尖细有助于体现女性手指的纤细感

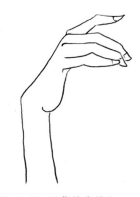

图2-3-86　手背的直线和手心的曲线同时表现出骨感与丰满

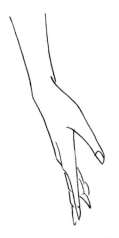

图2-3-87　不需要每个指甲都详细刻画

图2-3-88　手腕处线的交接体现形体转折

图2-3-89　手腕佩戴饰品时的状态

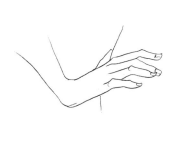

图2-3-90　手扶在胯部的状态

图2-3-91　手指向手臂内侧靠拢的状态

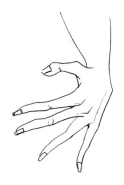

图2-3-92　五指张开并用力的状态

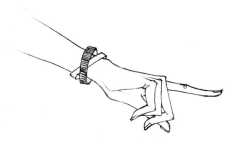

图2-3-93　五根手指动势变化较复杂

四、脚及鞋的画法

人体脚部结构，无论男性还是女性都是一致的，对于脚的刻画在服装速写中仍然是以线描绘。

● 先看脚掌着地的状态 (图2-3-94，图2-3-95)

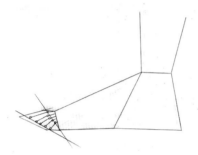

图2-3-94 把复杂的脚部
先归纳成几何体

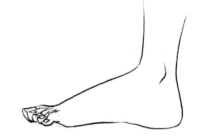

图2-3-95 完成效果

● 脚尖着地的状态 (图2-3-96，图2-3-97)

图2-3-96 直线概括形体

图2-3-97 在理解的基础
上绘制脚部状态

　　人体的脚部在服装造型中不常露在外面，腿部露在外面的时候较多，
如图2-3-98~图2-3-101所示是常见的腿部和脚部动势。

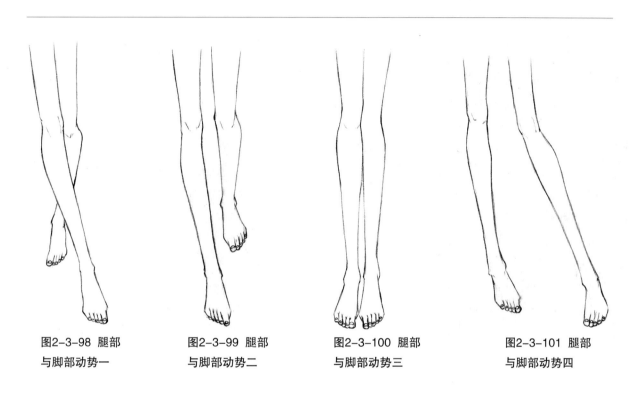

图2-3-98 腿部
与脚部动势一

图2-3-99 腿部
与脚部动势二

图2-3-100 腿部
与脚部动势三

图2-3-101 腿部
与脚部动势四

　　除了了解脚及腿部如何表现外，还要理解脚与鞋是如何合二为一的，这能
帮助我们快速掌握脚和鞋的表现方法 (图2-3-102~图2-3-119)。

图2-3-102 脚部形体与
靴子结合理解一

图2-3-103 脚部形体与
靴子结合理解二

图2-3-104 脚部形体与
靴子结合理解三

  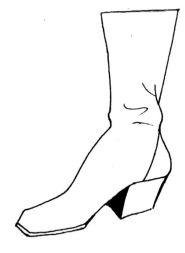

图2-3-105 脚部形体
与靴子结合理解四

图2-3-106 脚部形体
与靴子结合理解五

图2-3-107 脚部形体
与靴子结合理解六

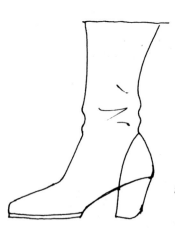  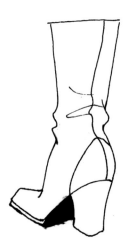 

图2-3-108 脚部形体
与靴子结合理解七

图2-3-109 脚部形体
与靴子结合理解八

图2-3-110 脚部形体
与靴子结合理解九

图2-3-111 脚部形体
与靴子结合理解十

图2-3-112 脚部形体
与凉鞋结合理解一

图2-3-113 脚部形体
与凉鞋结合理解二

图2-3-114 脚部形体
与尖头鞋结合理解一

图2-3-115 脚部形体
与尖头鞋结合理解二

图2-3-116 脚部形体
与尖头鞋结合理解三

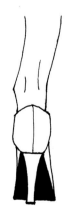

图2-3-117 脚部形体
与尖头鞋结合理解四

图2-3-118 脚部形体
与尖头鞋结合理解五

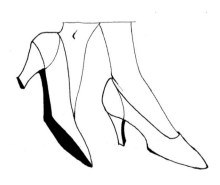

图2-3-119 脚部形体
与尖头鞋结合理解六

（一）男性脚及鞋的画法

图2-3-120 男性穿系带鞋时
的脚部刻画

图2-3-121 男性穿凉鞋时
的脚部刻画

系带的鞋画起来更要严谨，立体的鞋带不是由单线表示的，深颜色的鞋带可以用调子来体现，浅颜色的鞋带就不必上调子 (图2-3-120，图2-3-121)。

图2-3-122是着装站立状态下脚和部分腿部的描绘方法。

男性鞋的款式没有女性鞋的款式丰富，对于男性的鞋款来说，比较复杂的是系带的鞋款，如图2-3-122~图2-3-131所示是常见的几种系带鞋的绘制。

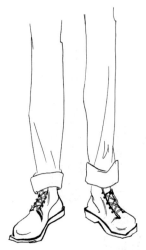

图2-3-122 鞋带
以深色表现

图2-3-123 以双线
表现鞋带效果

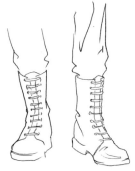

图2-3-124 画靴子时，鞋面连接小腿、脚踝、脚背的那条线，要随着身体内部结构的转折而产生曲线变化

图2-3-125 以单线表现的
鞋带效果

图2-3-126 侧面站立时
鞋的画法

图2-3-127 行走状态时鞋
的画法

图2-3-128 鞋面的曲线代表
着内部脚部形体的变化

图2-3-129 双脚要按透视有主次
的刻画

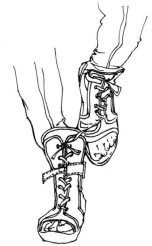

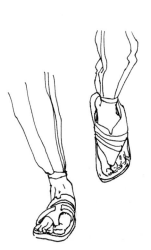

图2-3-130 复杂鞋款一　　　图2-3-131 复杂鞋款二

（二）女性脚及鞋的画法

女性穿着裙装及凉鞋的时候较多，所以脚部和腿部的刻画显得更为重要 (图2-3-132~图2-3-136)。

图2-3-132 不同凉鞋的角度和状态刻画一　　图2-3-133 不同凉鞋的角度和状态刻画二　　图2-3-134 不同凉鞋的角度和状态刻画三　　图2-3-135 不同凉鞋的角度和状态刻画四　　图2-3-136 不同凉鞋的角度和状态刻画五

小贴士

刻画高跟鞋的时候，前脚掌鞋底和鞋跟要保持在同一水平线上。

如图2-3-137~图2-3-156所示是常见女士鞋款的表现。

   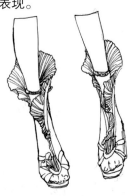 

图2-3-137 脚趾和鞋的结合处要透视准确

图2-3-138 正面脚和鞋的脚趾用连贯利落的曲线表现饱满状态

图2-3-139 侧面脚和鞋的画法，鞋贴合脚的形态

图2-3-140 脚踝部的装饰要能体现腿部的转折

图2-3-141 绘制带有动势的凉鞋时，高跟的角度和鞋的贴合角度很重要

图2-3-142 穿鞋时脚部及腿部的各种姿态表现一

图2-3-143 穿鞋时脚部及腿部的各种姿态表现二

图2-3-144 穿鞋时脚部及腿部的各种姿态表现三

图2-3-145 穿鞋时脚部及腿部的各种姿态表现四

图2-3-146 穿鞋时脚部及腿部的各种姿态表现五

图2-3-147 穿鞋时脚部及腿部的各种姿态表现六

图2-3-148 穿着裤装时的状态一

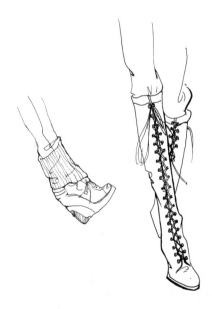

图2-3-149 穿着裤装时的状态二

图2-3-150 黑白点绘
表现闪亮鞋款

图2-3-151 鞋品的装饰
需要细致刻画

图2-3-152 如果女鞋的前脚
掌处是增高加厚的,刻画前
脚掌高度时所画的透视就要
前窄后宽,不能画成平行的

图2-3-153 点排列成
线表现鞋带上的明线

小贴士

女性的鞋在服装速写中是一个不可或缺的
看点,画鞋用的每一条线都要清晰,外轮
廓线可适当加重。

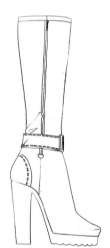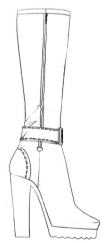

图2-3-154 鞋内部状
态要符合透视

图2-3-155 画女士的
靴子,要在脚踝处加
上几条线,以表现转
折与褶纹

图2-3-156 女士冬天的鞋款
上面常常会带有毛边。绘制
皮毛的边缘线不能简单用连
贯曲线来画,那样会显得死
板,缺少蓬松效果

小贴士

对于图案特别丰富或者繁琐的鞋款,可以对图
案适当概括,但要保证整体效果美观。

第三章　素描服装速写

第一节　什么是素描服装速写

素描服装速写，就是不着色，以线为主针对整体服装造型进行的快速写生。

本书所讲的服装速写包括素描服装速写和着色服装速写。素描服装速写的练习能使学生感受和了解服装整体造型，提高审美能力，认识服装面料，掌握表现技法，培养创造能力和表现能力。

第二节　绘制前的精心准备

工欲善其事，必先利其器。俗话说"巧妇难为无米之炊"，绘画之前的准备工作是必不可少的。在绘画工具方面，素描服装速写只通过黑白灰来表现，不需要上色工具。

画笔包括软硬铅笔、自动铅笔、钢笔、圆珠笔、水性笔、针管笔、马克笔、炭铅、毛笔及墨汁，这些笔画出来的虽然都是无彩色，但却能表现出各种不同的服装面料，因此要准备齐全。也可以准备些白色画笔和高光橡皮，用于特殊部位的处理 (图3-2-1~图3-2-3)。

不同的纸张选择不同的工具，能够表现不同服装面料的特性。普通白纸、有色纸、薄厚不一的卡纸都可以，另外需要准备硫酸纸，在临摹阶段做透稿用 (图3-2-4~图3-2-7)。

还需准备橡皮、双面胶、留白胶、涂改液、调色盘等。

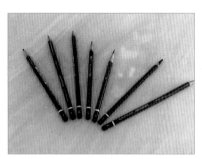

图3-2-1 软硬铅笔

图3-2-2 油性笔和水性笔

图3-2-3 墨汁和勾线笔

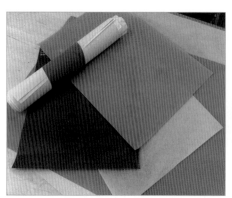

图3-2-4 纸张一

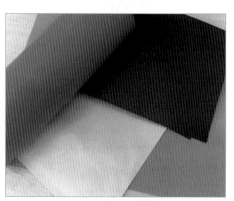

图3-2-5 纸张二

图3-2-6 辅助工具

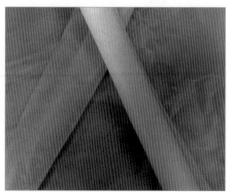

图3-2-7 透稿所用硫酸纸

第三节　如何画好素描服装速写

一、以线为主

素描服装速写的整个绘制过程，从起稿到完成，包括面料质感，用不同粗细的线条表现。

●素描服装速写步骤 (图3-3-1~图3-3-5)

图3-3-1 着装模特照片

图3-3-2 步骤一，铅笔起稿，先用动势线确定双肩和髋部动势，依照动势勾画出大致轮廓

图3-3-3 步骤二，确定面部五官位置、手脚姿态、服装和鞋包的款式

图3-3-4 步骤三，完善细节

图3-3-5 步骤四，完成

二、整体布局

对于速写的服装造型需要进行主观的归纳与调整，根据画面需要安排全身各部分服装的褶纹疏密关系，以及黑白灰搭配。

（一）褶纹疏密分布

服装褶纹疏密的分布，不一定完全遵照事实，可以简化提炼，以能展现服装及人体美感为标准来安排服装褶纹 (图3-3-6)。

小贴士

褶纹出现的位置一般在骨骼转折处，如肘关节、膝关节转折处的服饰褶纹可以强调，其他部位的褶纹相对减弱或者省略处理。如果把服装上所有的褶纹都一丝不苟的描画出来，没有疏密关系和主次关系，反而破坏了整体造型。

图3-3-6 线条一次成型，不要反复描画

（二）黑白灰搭配

　　不管真实的服装是黑色还是白色，亦或是灰色，都要根据画面需要精心设计整体的黑白灰的布局。所谓"黑"不是将画面完全涂黑，而是要掌控画面的节奏感，以区分服装的明暗、色调以及质感（图3-3-7~图3-3-9）。

图3-3-7　黑白灰所占画面面积不可一致

图3-3-8 线条要有深浅、浓淡差异

如果服装速写用线不讲究疏密关系，没有黑白灰差异，就会使整体造型平淡或不分主次。

图3-3-9 黑白灰的安排不单指服装，还包括头、手、脚和皮肤，即整体服装造型

（三）衣纹的作用

衣纹能体现服装的质感和人体的动态，通过衣纹能显现完美的人体及服装造型 (图3-3-10)。

小贴士

胸部、臀部较丰满的位置不宜刻画过多衣纹。

图3-3-10 选择性的刻画衣纹

三、重要的学习方法临摹

临摹的过程主要包括透稿与线描拓印。透稿与线描拓印是快速、直观体会和掌握服装人体比例和动势的有效方法，有助于增强对服装速写的感受，培养新的观察方法和表现方法。

●临摹的过程 (图3-3-11~图3-3-16)

1. 挑选模特造型图片后，用硫酸纸进行拓印。先将硫酸纸裁到适当大小，让其正好覆盖在所选图片上，用双面胶将硫酸纸一边与图片边缘粘合固定，以免透稿时位置变动。

2. 用铅笔对服装造型图片透稿，主要是用线来描摹，不需要调子表现。

3. 再将硫酸纸上的线稿拓印到事先选择好的纸张上。

图3-3-11 准备照片　　　图3-3-12 将硫酸纸覆盖在时装图　　图3-3-13 已经描在硫酸纸上
　　　　　　　　　　　　　　　　片上，用铅笔勾线对其进行拓描　　　　的线稿

小贴士

整个透稿与线描拓印过程中重要的是要熟悉服装速
写的人体比例，习惯省略调子只用线来表现服装造
型，并且要注意对线的归纳。

图3-3-14 把硫酸纸上没有线
稿的那一面用铅笔涂满调子，
然后将硫酸纸上涂满调子的那
一面覆盖在一张白纸上，再描
一遍，这款服装造型就被拓印
到白色画纸上了

图3-3-15 拓印后得到
的线稿

图3-3-16 注意用线的疏密、主次、虚实、
长短等关系，对线的运用要主观加以整理和
归纳，不可完全照抄原时装图片

四、细致刻画

（一）皮肤、发型、妆面的绘制

1. 男性 (图3-3-17~图3-3-28)

图3-3-17 男性面部在绘制时，用留白来表示面部皮肤，用粗重些的线条绘制眉毛和眼睛

图3-3-18 绘制胡须时，切忌画得含混不清，使人看不出来是胡须，反而影响了面部的整体效果

图3-3-19 特色发型表现一

图3-3-20 特色发型表现二

图3-3-21 特色发型表现三

图3-3-22 特色发型表现四

小贴士

刻画男性比较张扬有个性的发型时，可以用排调子的方法来画，不过要注意整体明暗关系，可以将头发分组整体表现后，再用几条线强调局部发丝。

图3-3-23 墨镜的表现

图3-3-24 阴影轮廓明确，不用灰调子过渡

图3-3-25 男性头部带有帽子的刻画一

图3-3-26 男性头部带有帽子的刻画二

图3-3-27 男性头部带有帽子的刻画三

当然，服装造型千变万化，头部整体造型也会随之变化，有时不免出现特殊、怪诞、夸张的表现风格。

图3-3-28　头发和五官表现手法要统一

2. 女性（图3-3-29~图3-3-51）

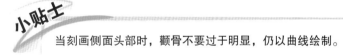

小贴士

当刻画侧面头部时，颧骨不要过于明显，仍以曲线绘制。

图3-3-29　用留白来表示面部皮肤的白皙、光滑

图3-3-30　强化上眼线，在眼部涂阴影以表现眼影

图3-3-31　嘴唇上按明暗关系绘制一些调子可以体现嘴唇的立体感

小贴士

头发需要先分区再对每个区域展
开刻画，耳朵自然隐于发丝之中，
长卷发的刻画不要过于强调发卷，
要把头发自然下垂和蓬松感表现
出来。

图3-3-33 飘逸的长发多以连贯
的长曲线绘制

图3-3-32 头发明暗逐步过渡，
展现蓬松感

图3-3-34 剪齐的短发，发梢可以仿
照图中的方法结束在一条曲线上，而
非直线，一缕一缕下垂的头发也要用
曲线，为了表现头发的垂感，可以在
头发的下半部分或者发梢处把头发刻
画的密集一些

图3-3-36 头发笔触与五官
笔触一致

图3-3-35 头发分区表现避免
凌乱

图3-3-37 从头发中段开始至发梢
部分着重刻画，突出垂感

在服装速写中，女性头部除了发型变化比男士丰富外，发饰也经常出现，比如发带、鲜花、帽子等。

图3-3-38 女性头部饰品刻画一

图3-3-39 女性头部饰品刻画二

图3-3-40 女性头部饰品刻画三

图3-3-41 女性头部饰品刻画四

图3-3-42 女性头部饰品刻画五

图3-3-43 女性头部饰品刻画六

图3-3-44 女性头部饰品刻画七

图3-3-45 女性头部饰品刻画八

小贴士

如果头上装饰是整体服装造型的亮点或者关键所在，那么头发就要刻画得相对放松。

图3-3-46 女性特殊发型表现一　　图3-3-47 女性特殊发型表现二　　图3-3-48 女性特殊发型表现三

图3-3-49 女性特殊发型表现四　　图3-3-50 女性特殊发型表现五　　图3-3-51 女性特殊发型表现六

小贴士

侧面或者眼睛闭起来的时候，眼睫毛要画得夸张一些。

（二）面料的绘制及工具的运用

通过单色速写来表现多种不同面料的质感差异是重点与难点所在。不同的线给人以不同的感受，以此来体现不同的面料质感。

接下来具体分析各种面料的绘制方法：

1. 牛仔面料的绘制

牛仔面料是比较常见的，这种面料织纹明显，有一定的厚度，因此在表现牛仔时可以通过线的密集排列来体现纹理，通过明暗褶纹来体现厚度感。牛仔的缝合线位置用虚线、实线交替使用的方法来表现 (图3-3-52~图3-3-54)。

如果遇到表面相对平滑，有下垂感的牛仔面料，则可以省略对织纹和厚重感的表现，但又为了使人感觉出是牛仔面料，就要把重点放在强调牛仔裤线上，也要通过实线、虚线交替使用的办法，但要注意深浅、粗细的变化。

还有一种带有磨漏痕迹的牛仔裤，和前几种牛仔面料的表现方法都不同，要先用含有干墨的毛笔或者快要没有水的马克笔涂一层底色，但这层底色不能涂满，要留出一些空白，既能表现腿部的立体感，又符合面料的磨旧感，然后，用较细的笔勾画出破洞，再用实线和虚线在必要的位置表示出牛仔裤特有的明线。

图3-3-52　用铅笔排列织纹

图3-3-53 通过线的变化体现面料质感

小贴士

牛仔面料的边缝是与众不同的,
只要将边缝细致刻画出来,就
能表现牛仔面料的特征。

图3-3-54 浅色牛仔服装绘制时以灰调和亮调为主

2. 纱质面料的绘制

纱质面料具有飘逸、透明的特性，用线不能过实、过重，可以把线隐藏在黑、白、灰关系中，用炭笔或者软铅笔刻画比较适合，通过笔和纸张接触留下的痕迹体现出纱质面料的平滑感 (图3-3-55~图3-3-63)。

图3-3-56 用软铅笔由暗部向亮部刻画

图3-3-55 先画明暗关系，后画条纹

图3-3-57 大面积灰调子表现纱的轻薄感

图3-3-58　线条排列的面
来表现纱的透明叠压效果

小贴士

透明且有一定硬度的纱料可以通过强调边缘体现纱
的硬度。

图3-3-60 淡淡涂上一层灰调子，再用橡皮轻轻擦去，透明感更自然

小贴士

带有花纹图案的纱料要适当保留亮部，以体现其透明感。

图3-3-59 腿部皮肤的透出感是体现质感的关键

图3-3-61　裙子的褶皱线条最后刻画

图3-3-63 由内自外从深变浅使层次空间明晰

小贴士

有些纱料较厚且有图案，可以将花纹图案刻画得密集一些，以体现厚重感。

图3-3-62 墨水铺垫底色，马克笔勾绘阴影及边缘

3. 丝绸面料的绘制

丝绸面料表面光滑，表现丝绸面料需适当分布黑、白、灰的比例，过渡要均匀，以体现面料的光滑。也可以在局部加强黑白对比，以体现面料表面的反光 (图3-3-64~图3-3-69)。

图3-3-64 用较细腻的调子表现丝绸的
光泽感

图3-3-65 只在褶纹处略施调子，其余
多数面积留白的处理方法

图3-3-66 浓重的黑色边缘用签字
笔描画完成

图3-3-67 边缘线绘制时要注意虚实的处理

小贴士

绘制丝绸面料可以用连贯的实线来表现褶皱和边缘线，通过投影和受光的黑白对比强化面料表面的光滑和反光。

图3-3-68 暗部用碳铅笔描绘的效果

小贴士

绘制长裙时，可适当夸张下半身长度，更能体现服装造型。

图3-3-69 灰面除了画出来还可用擦的办法表现

4. 毛织面料的绘制

毛织的服装及配饰，刻画的时候可以模仿其真实状态，用经纬相交的线条表现，更显细腻(图3-3-70~图3-3-78)。

图3-3-70 按照织物的编制花纹描绘

小贴士

毛织面料手感较柔软，所以用灰调子打底，或者勾画完经纬线以后，再淡淡地上一层灰调子。

图3-3-71 水性笔、针管笔结合运用表现面料

图3-3-72 绘制织物质感要按人体转折
加入透视

图3-3-73 小面积的排列调子，每小块
调子之间留一点亮面

图3-3-74 起稿时先用线条把图案轻轻勾
出来，最后再精细刻画

图3-3-75　外衣的调子使用软铅笔
侧锋绘制

毛衣织纹图案要概括表现。

图3-3-76　针管笔描绘的编织纹理效果

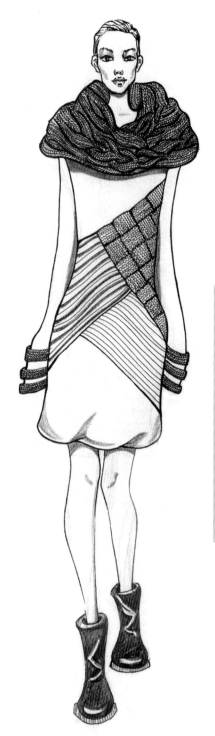

图3-3-78 对投影的刻画可体现织物的
体积和厚度

图3-3-77 服装轮廓用单线一气呵成

小贴士

单纯勾线也可以表现毛织面料，适宜用针管笔等笔尖细的工具完成。

5. 棉质面料的绘制

棉质面料有薄厚、软硬之分，绘制时要注意根据不同面料选择工具和线条 (图3-3-79~图3-3-81)。

图3-3-79 硬铅笔刻画为主

图3-3-80 马克笔侧着使用或者垂直使用变换不同
粗细的线条表现

图3-3-81 使用铅笔勾线，下笔不宜太重

小贴士

使用马克笔刻画，线条要有力量，以表现面料
的挺括感。

小贴士

用细线勾绘带有弹力和垂感的棉布面料。

6. 毛呢面料的绘制

毛呢面料质感厚重，绘制时用铅笔或软铅笔倾斜于纸面进行刻画，通过运用不同工具和不同技法，展现出面料质感 (图3-3-82~图3-3-87)。

图3-3-82 表现毛呢面料的质感，涂调子时避免留下明显的方向感

图3-3-83 亮面不留白，罩层灰色

图3-3-84 保留笔触与纸面自然形成的痕迹

小贴士

毛呢面料具有一定厚度，绘制时用软铅笔分
多次多层刻画。

图3-3-85 明暗交界线清晰，亮部大面积
留白的处理方法

图3-3-86 在灰调子基础上
施重调子画图案

图3-3-87 线的排列或者点的聚集
也能体现面料质感

7. 皮革面料的绘制

皮革面料相对于其他面料看起来更加挺括，所以刻画皮革面料时下笔用线要果断，线要连贯，表现褶皱时除了用线还可以直接通过黑、白、灰，面与面之间的交接来表现，以体现皮革衣服褶皱的厚度 (图3-3-88~图3-3-92)。

图3-3-88 针管笔与铅笔结合表现面料

图3-3-89 皮革表面比较光滑，可通过加强黑白对比来表现皮革面料光泽感

图3-3-90　皮革表面的高光
要有虚实处理

图3-3-91　保留灰面，比突兀
的留白效果更自然

图3-3-92　皮革裙装的边缘线
不需单独勾画

小贴士

为表现皮革面料的质感，在整款服装造型中，皮革服装基本以重色出现。

8. 皮草面料的绘制

皮草面料要通过大量密集的、长短不一的线条表现皮草的厚度和蓬松感

(图3-3-93~图3-3-107)。

图3-3-94 针毛的方向、长短按透视规律刻画

图3-3-93 针毛之间排列不需太密集

图3-3-96 点的排列形成边缘轮廓

图3-3-95 描绘短毛的皮草面料，可
以用大面积空白的手法暗示毛皮的松
软与厚度，只在轮廓边缘挑画出较短
且排列密集的针毛效果。

图3-3-97 在衣身局部画一些小碎点，体现
皮毛效果

图3-3-98 点绘的位置要准确

小贴士

用"点的移动轨迹"或者点的排列替
代线也可以很好地来表现皮草。

小贴士

针毛比较长的皮草, 立体感也很强, 可以用留白处理亮面。

图3-3-101 铅笔画灰色针毛, 炭铅画重色

图3-3-100 较长的毛绒适合用曲线描绘

图3-3-99 点线结合, 先画线, 在线的边缘点绘

图3-3-102 挑几处针毛垂感
较强的边缘用铅笔再次加重
处理轮廓

图3-3-103 长曲线适合表现
长些的皮毛

图3-3-104 重短线显示适合
表现皮毛一体的面料

图3-3-105

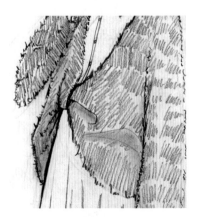

图3-3-106

图3-3-105和图3-3-106用短线排列线段，线段间留出空白的画法

图3-3-107 多种材质表现时，先画下层，再画上面的毛

小贴士

对于皮草服饰的刻画，不妨刻意设计并保留一些灰调子，可以帮助表现皮草的蓬松、柔软、厚重效果。

9. 流行丝袜的绘制
(图3-3-108~图3-3-115)

图3-3-108 用针管笔点绘出的黑色丝袜

图3-3-109 绘制有花纹的丝袜，先画底色，
在底色上再勾画花纹

小贴士

黑色丝袜如果完全涂黑效果并不好，亮部可留白后用点绘的办法处理，这样既能体现腿的体积感又能暗示出丝袜的透光感。

图3-3-110 在膝盖处把调子加重，体现形体转折关系

图3-3-111 淡灰调子表现丝袜，用橡皮擦出高光

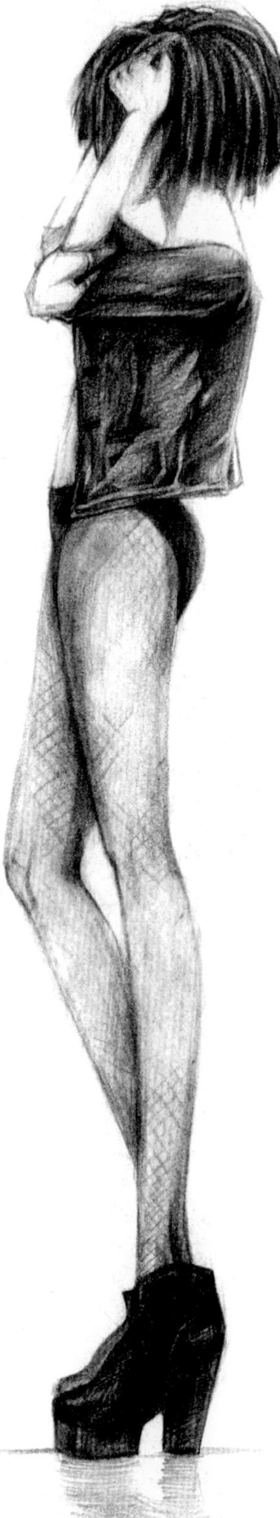

小贴士

带有花纹的丝袜，为表现花纹，就将要涂黑的地方改成灰，然后隐约地表现出花纹，不建议留白，因为在白底上表现花纹会显得突兀。

图3-3-112 不把调子涂满，或者涂上后擦去亮部的调子

图3-3-113 先上调子后画丝袜的网格

小贴士

网状丝袜要按照人体的曲线来勾画丝网效果。

图3-3-114 用灰色的调子表现丝袜　　　　图3-3-115 点绘时控制用笔力度可控制深浅

图3-3-116 用短促、硬朗的线条绘制衣纹

10. 服装整体造型及面料综合表现赏析

(图3-3-116~图3-3-135)

图3-3-117 通过黑白灰体现毛衣织纹的起伏

小贴士

有图案的面料适当减弱褶皱的刻画。

图3-3-118 复杂的衣服图案，可以先用铅笔
淡淡的打底稿，然后再细致描绘

小贴士

画衣纹线的忌讳：忌杂乱无章、忌过分平行、忌
过分对称、忌过分齐整、忌无照应关系、忌无取
舍、忌肢体截断线、忌交叉误读、忌简单草率。

图3-3-119 用涂抹的方法表现纱质
面料的朦胧感

图3-3-121 强调整体感，细枝末节可
概括省略

图3-3-120 华丽繁琐的服装适当留白
可凸显重点

小贴士

人体结构突出的部位，衣纹多向相反的
方向聚集。

图3-3-123 整体用线风格统一

小贴士

绘制衣纹时应注意忌平行，注意疏密对比，体现结构。

图3-3-122 注意褶纹要符合人体动势

图3-3-124 黑白灰关系明确，转折部位线条要肯定

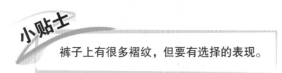

小贴士

裤子上有很多褶纹，但要有选择的表现。

图3-3-125 小面积阴影恰当地体现出服装穿着的内外关系

小贴士

绘制格子和花纹图案可以概括提炼，不要面面俱到。

图3-3-126 线的粗细、虚实变化

图3-3-127 根据动势和衣纹留白

图3-3-128　笔断意连　　　　　　图3-3-129　连贯的线与断续的线结合运用

小贴士

衣纹是表面的，形体是内在根本，形体、动态决定衣纹的各种变化。

图3-3-131 通过不同的工具画出不同的线条

小贴士

服装速写中人物形象的服饰衣纹一般都比较简练概括，衣纹要比较贴切地表达人体结构，表现衣服的质感。

图3-3-130 绘制头纱时不需要面面俱到，挑大的转折概括刻画

图3-3-132 复杂繁琐的服装图案表现

图3-3-133 服装内部图案与服装外轮廓用线要有区别

图3-3-134 服装图案复杂时更需注重黑白灰关系

图3-3-135 不同工具综合表现

第四章 着色服装速写

第一节 什么是着色服装速写

　　着色服装速写是对服装进行快速上色的写生，是在素描服装速写基础上，为进一步提高学生能力而展开的训练，包括皮肤着色、头发及妆容绘制，以及各种服装面料的表现。

第二节 绘制前的精心准备

　　除素描服装速写时必备的工具外，还要准备一些彩色画笔及颜料，具体包括：彩色铅笔、马克笔、彩色水性笔、彩色油笔、油画棒、水粉和水彩颜料。纸张方面，要求对应画笔的适合程度准备各种纸张，例如水粉纸、水彩纸、复写纸等 (图4-2-1~图4-2-4)。

图4-2-1　马克笔　　　　　图4-2-2　马克笔　　　　　图4-2-3　粉笔　　　　　图4-2-4　油画棒

第三节　如何画好着色服装速写

顺序是先确定单色线稿，然后对皮肤进行统一着色，画出头发和妆容着色，最后用适合的上色工具表现服装色调及面料质感。

●服装着色速写基本步骤 (图4-3-1~图4-3-6)

图4-3-1　照片　　　　　　图4-3-2　步骤一，　　　　　图4-3-3　步骤二，
　　　　　　　　　　　　　　　　绘制线稿　　　　　　　　　　给五官和皮肤着色

图4-3-4 步骤三，对服装
上第一遍颜色

图4-3-5 步骤四，深入
着色刻画

图4-3-6 步骤五，完成

一、皮肤着色

画出人体后，首先要对皮肤进行着色，将皮肤亮部，也就是受光部分留白，皮肤暗部用颜色画出。待干后，要对皮肤上的阴影部分进行第二次上色，加重明暗关系（图4-3-7~图4-3-14）。

  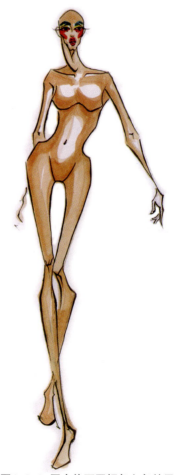

图4-3-7 同人体不同颜色上色效果比对一
用水彩颜料和水彩笔，调出接近皮肤的肉色，全身平涂着色。然后再按照明暗关系，用肉色将暗处再涂一遍，然后使用略深于肉色的颜色做描边处理。

图4-3-8 同人体不同颜色上色效果比对二
皮肤着色过程与上图基本一致，区别是身体有部分留白，立体感更强。

图4-3-9 同人体不同颜色上色效果比对三

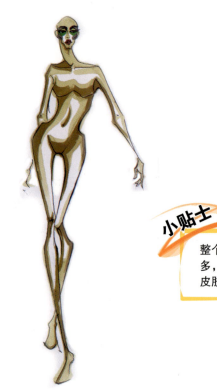

小贴士

整个皮肤着色的次数不需太多，两遍即可。要保证人体皮肤的干净与通透感。

图4-3-10 同人体不同颜色
上色效果比对四

图4-3-11 同人体不同颜色
上色效果比对五

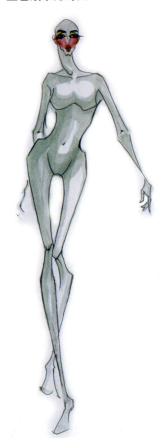

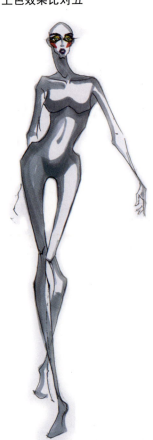

图4-3-12 同人体不同颜色
上色效果比对六

图4-3-13 同人体不同颜色
上色效果比对七

图4-3-14 同人体不同颜色
上色效果比对八

二、头发及脸部着色

头发及脸部着色可以放在整个服装造型着色之前进行，也可以放在服装造型着色之后进行。头发的着色效果大体上可分为两种，一种是通过大面积晕染对头发进行着色，另一种是通过强调发丝体现整体形象特色的方法 (图4-3-15，图4-3-16)。

图4-3-15 用水彩绘制的头发，先将黑色水彩颜料大量加水，对头发整体晕染，再调制略深一些的颜色对头发局部再次罩染，然后用小号水彩笔勾画眼眉和眼线

图4-3-16 彩色铅笔描绘的头发，从暗部往亮部一层层上色，脸部边缘线着皮肤色以显示脸部立体感

三、面料的绘制及工具的运用

1. 丝绸面料的绘制 (图4-3-17~图4-3-23)

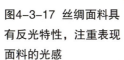

图4-3-17 丝绸面料具有反光特性，注重表现面料的光感

图4-3-18 用彩色铅笔绘制出丝绸面料的细密织纹效果

图4-3-19 强化明暗对比有助于表现面料质感

图4-3-20 丝绸面料与其他面料组合，绘制时要注意不同面料质感的区分

图4-3-21 彩色铅笔适合表现丝绸面料褶纹的平滑感

小贴士

绘制较厚重的丝绸面料，使用水粉和水彩颜料结合表现服装面料的垂重感和光感。

图4-3-22　水彩颜料表现的丝绸面料

小贴士

用水彩颜料来画丝绸面料，颜色的纯度和明度都要高一些，才符合丝绸面料的质感。

图4-3-23　色纸平涂表现,调和颜色时要考虑到覆盖底色后的效果

2. 纱质面料的绘制 (图4-3-24~图4-3-32)

图4-3-24 轻薄的纱先铺底色后勾花纹

图4-3-25 采用水彩晕染的方法展现面料

小贴士

带有印花图案的纱裙，在刻画时不需要照搬原形，挑选主要位置绘制即可。

图4-3-26 多层纱需要表现出面料
层层叠加的感觉

图4-3-28 用写意的方法表现面料的轻薄感

图4-3-27 采用毛笔勾线为主的薄纱绘制

小贴士

水彩颜料最适宜体现晕染和渐变效果。

图4-3-29 以线为主的着色方式

小贴士

纯色图案简单的纱质面料要着重交代明暗变化。

图4-3-30 纱质面料虽然轻薄，但也可以用重色
体现层次感和立体感

图4-3-31 用水彩勾线时要干脆利落

图4-3-32 相同色相，不同明度和纯度来表现服装面料

小贴士

刻画透明薄纱只需挑选几处转折和人体绘制上色，采用边缘勾线的办法就可以体现纱质的透明性和单薄效果。

3. 棉质面料的绘制
(图4-3-33~图4-3-37)

图4-3-33 用水粉表现的棉质面料

图4-3-34 表达明暗关系时，从亮部
往暗部刻画

图4-3-35 水彩颜料配合彩色铅笔
完成的画面

图4-3-36 绘制动势较大的服装时，人体转折部位是刻画重点

图4-3-37 在有色纸张上描绘有助于白色面料的表现

小贴士

不能随意选择有色纸张做底色，要考虑是否与服装颜色协调。

4. 牛仔面料的绘制

牛仔面料可用水彩颜料和油画棒结合绘制。先用淡蓝色水彩打底，通过晕染留出自然的白色，干后再用蓝色油画棒描绘服装褶纹和阴影部分，最后用黑色画笔勾画粗细不同的边缘 (图4-3-38~图4-3-51)。

常见的绘制工具还有彩色铅笔、水粉等。

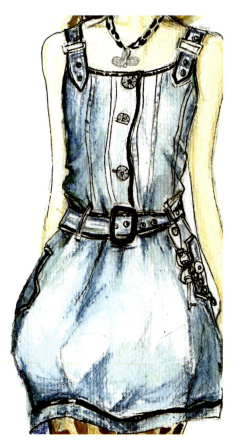

图4-3-38 淡蓝色和蓝白色的牛仔服装适合用水彩表现

小贴士

用彩色铅笔排列线条可表现牛仔面料的织纹效果。

图4-3-39 蓝色牛仔裤中加入少许黄色使面料质感更加真实

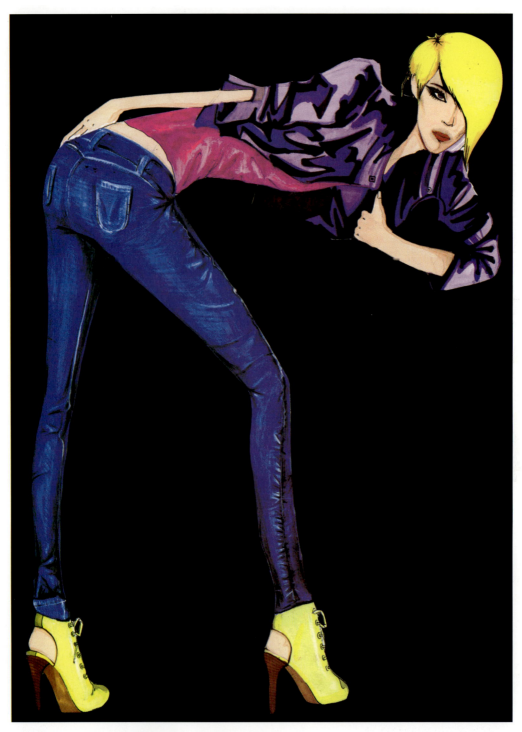

图4-3-40 颜色明度比较高的画面，可用黑色卡纸衬托

小贴士

颜色纯度较高的牛仔裤，主要靠褶纹及高光表现出质感。

图4-3-42 牛仔面料并不是画得越重越好，也可以用较为清淡的表达方式

图4-3-41 突出明线更能表达牛仔质感

小贴士

用刻刀、壁纸刀等在已经涂好的颜色上摩擦，产生的划痕是表现牛仔磨旧效果的好方法。

图4-3-43 深色牛仔裤同样需要有明暗关系

图4-3-44 贴身合体的牛仔裤，
裤线的绘制尤其重要

图4-3-46 牛仔裤裤线及其周
边的碎小褶纹是表达要点

图4-3-45 牛仔裤磨破的位置用皮肤
颜色填充

图4-3-47 厚重的牛仔面料可以用水粉和油画棒、蜡笔综合表现

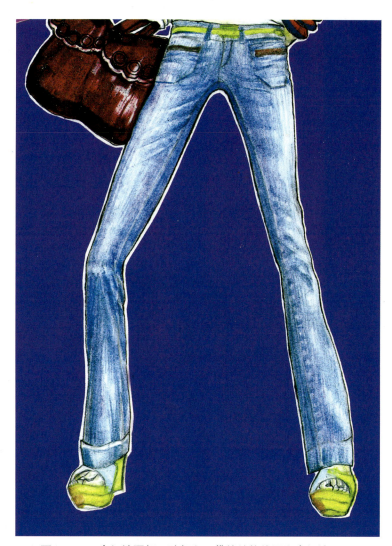

图4-3-48 牛仔裤腰部、胯部和口袋的结构线要比牛仔裤整体颜色略重一些

图4-3-49 水彩表现
牛仔面料可以在颜色
未干时把局部颜色洗
掉，展现明暗关系

图4-3-50 强调牛仔
服装上高光的形状

图4-3-51 彩色铅笔表现牛
仔面料要层层深入，不能一
次画得太死

小贴士

油画棒描绘的肌理有助于体现衣服面料的厚度，彩色铅笔在油
画棒的基础上能够表现出毛线针织感。

5. 毛织毛呢面料的绘制

服装着色速写中针织毛衣的面料质感刻画有一定难度，常用水彩颜料表现，先用淡彩对整件衣服进行固有色的打底，同时交代明暗关系，然后减少水分，用稍微深一层的颜色勾画针织条纹，勾画过程要符合明暗关系，最后选用针管笔在需要的位置勾线强化。整个描绘过程要轻松自然，体现出针织毛衣的柔软性，不宜死板 (图4-3-52~图4-3-54)。

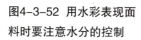

图4-3-53 沿着织纹
走向行笔

图4-3-52 用水彩表现面
料时要注意水分的控制

图4-3-54 选用油画棒配合彩色铅笔，通过
一些方向、长短不一的曲线来表现面料质感

小贴士

彩色铅笔绘制毛线编织效果时，并不需要画得太密集，自然的
留出空隙，毛编的感觉更真实。

6. 皮草面料的绘制

皮草面料可使用多种工具进行描绘，包括水粉颜料、水彩颜料、油画棒、彩色铅笔、马克笔等 (图4-3-55~图4-3-62)。

图4-3-57 水粉适合表现厚重的皮草款式

小贴士

通过水彩多层的大面积晕染和局部勾画也能表现出皮草的质感。

图4-3-55 把笔的水粉挤出，蘸色后用干画法沿皮毛走向勾画

图4-3-56 用水彩绘制皮毛时，亮部留白比用白色提亮效果好

图4-3-58　点绘能体现底绒和针毛的感觉

图4-3-59　利用流畅的线条表达皮毛

小贴士

用白粉提出亮部时，用笔宜干。

图4-3-60 适当留白有
助于体现皮草厚度

图4-3-61 水彩晕染大面积颜色，干后
用针管笔绘制边缘轮廓

图4-3-62 含水量控制是着色关键

小贴士

如需体现皮毛的厚重感，可通过水粉
颜料一层一层堆积，同时注意表现褶
纹和阴影。

7. 带亮片珠器面料的绘制

　　绘制带有珠片的服装造型，建议减弱其他部分的绘制强度，使整款服装造型主次分明 (图4-3-63~图4-3-65)。

图4-3-63 衣服的黑白灰
关系画好后，可直接用明
度不同的点表现亮片效果

图4-3-64 交叉的十字
星能体现出高度光感

图4-3-65 提亮不能过多，关键
部位几处即可

8. 流行丝袜及打底裤的绘制 (图4-3-66~图4-3-68)

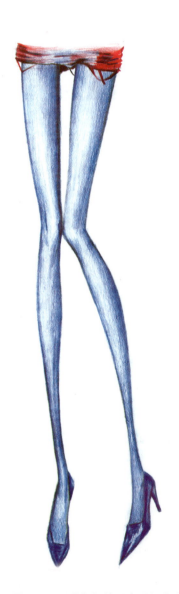  

图4-3-66 彩色铅笔可表现细密感的丝袜

图4-3-67 深颜色不能平涂，仍须有明暗变化

图4-3-68 丝袜中的白色部分可以直接留白

9. 服装整体造型及面料综合表现赏析 (图4-3-69~图4-3-87)

图4-3-69 色调整体统一

图4-3-70 用水粉绘制时注意保持颜色明度与纯度

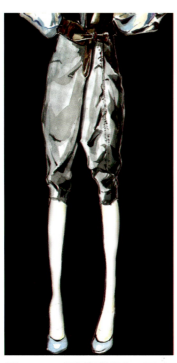

图4-3-71 根据服装颜色，可以选择肤色留白

图4-3-72 分层次刻画暗部关系

小贴士

用水粉表现较厚重的面料时，颜色的深浅明暗不是依靠加入水分的多少来调节，更多是靠加入白色或者其他深颜色来调整。

小贴士

水粉颜料反复涂抹易造成颜色暗沉无光泽。

图4-3-73 注意环境色

图4-3-74 淡彩表现水份控制
是关键，笔触要自然

图4-3-75 颜色要有晕染及过渡

小贴士

水彩由于自身不具有可覆盖性，在绘图时追求意境，讲究一气呵成。

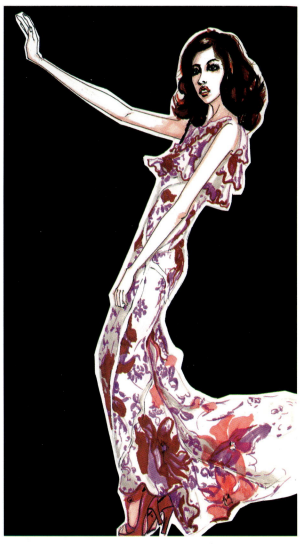

图4-3-76　花朵图案有浓重深浅的变化

图4-3-77　一次性调出所需颜色，避免色差

图4-3-78 由浅入深逐步
上色

图4-3-80 用小号笔刻画具体
图案

图4-3-79 考虑到光感表现，
不必涂满颜色

小贴士

衣纹和衣褶的表现是有区别的。衣纹应力求简化和省略，衣褶则应如实地表现清楚。

如果女性裙装比较贴身合体，上颜色时要谨慎保持人体曲线美感，注意边缘线上的色彩处理；如果裙摆幅度大，比较宽松，着色可以相对自然挥洒，采用晕染的办法表现更加适宜。

图4-3-81 以线为主，点缀色彩

图4-3-82 腿部边缘处理是重点

小贴士

进行着色时，要保持起稿时的服装速写人体比例，不能破坏人体美感。

图4-3-83 水粉平涂，大面积写意表现

小贴士

服装上色时，除了固有色的表现，还要考虑环境色的因素，这样画面才能色彩和谐。

图4-3-84 借助底色勾浅颜色的线，也是常用技法之一

小贴士

巧妙地利用有色纸张作画，有助于统一画面整体色调，或者利用颜色对比突出服装造型，强化服装风格。

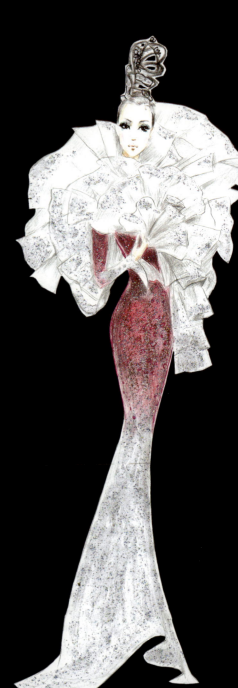

图4-3-85 亮片、指甲油的运用

图4-3-86 马克笔的行笔速度要快

小贴士

马克笔不适合细节刻画，适合快速表现服装的大致效果。

图4-3-87 绘制浅色服装时，暗部不宜太重

小贴士

画皮肤色服装的用笔应简练、概括，特别是四肢的用笔不求面面俱到，但求生动传神。

参考文献

1.Tan Huaixiang. Character Costume Figure Drawing: Step-by-Step Drawing Methods for Theatre Costume Designers. 2 edition. Focal Press，201

2.张肇达.张肇达时装效果图.北京：中纺织出版社，2009

3. 海维尔·戴维斯，当代时装大师创意
郭平建，肖海燕，张慧琴.北京：中国纺出版社，2012

4. 弗里德里克·莫里.时尚映像：速写顶时装大师.治棋，骆巧凤.北京：中国纺出版社，2010

5. 孟恂民.时装画技法.北京：清华大学版社，2012